なにが でるかな？ 王国シール

★わくわくシール★

じゆうに つかってね。シールを めくると…

もくひょう
一・時間を決めてする
一・くりかえし取り組む
一・さいごまでやりきる
めざせ、ドリルの王様！

ドリル王子

いいかんじ！

ドリルの おしろ

ドリルじい

★できたシール★

この 本の さいごに ある
がんばりひょう に すきな シールを
はってね。うらないも 出て くるよ。

・・・・・・すてきな ゆめが みられるかも！
・・・・・・たのしい ことが おこるよ！
・・・・・・べんきょうを がんばれるよ！
・・・・・・あたらしい はっけんが あるよ！
・・・・・・げんき いっぱいに なるよ！

ドリルの王様　シールB

1 2年生で習ったこと ①

❶ 左の時こくから右の時こくまでの時間は何分ですか。 　20点(1つ5)

①　　　　　　　　　　　　　　　　　②

（　　　　　　　　）　　　　　　　（　　　　　　　　）

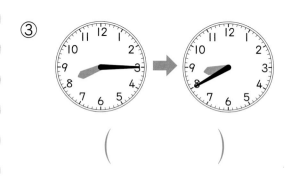

③　　　　　　　　　　　　　　　　　④

（　　　　　　　　）　　　　　　　（　　　　　　　　）

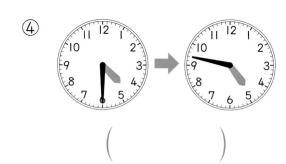

❷ 次の時こくを答えましょう。 　20点(1つ5)

①

　㋐　１時間あと（　　　　　　　　　）

　㋑　30分前　（　　　　　　　　　）

②

　㋐　30分あと（　　　　　　　　　）

　㋑　１時間前（　　　　　　　　　）

「あと」の時こくは、長いはりを右回りに回して考えよう。
「前」の時こくは、長いはりを左回りにもどすんだよ。

1

❸ □にあてはまる数をかきましょう。　　　　　　　　30点(1つ5)

① 1時間＝□分

② 80分＝□時間□分

③ 1時間30分＝□分

④ 100分＝□時間□分

⑤ 1時間10分＝□分

⑥ 1日＝□時間

1時間は60分だよ。

❹ 次の時こくを、午前、午後をつけて答えましょう。　　　　10点(1つ5)

①　朝、家を出た時こく

(　　　　　　　　　)

②　夕ごはんを食べ始めた時こく

(　　　　　　　　　)

❺ 左の時こくから右の時こくまでの時間は何時間ですか。　　20点(1つ10)

①

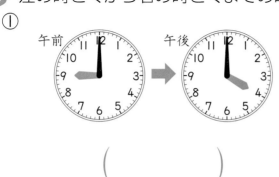

(　　　　　　　　　)

②

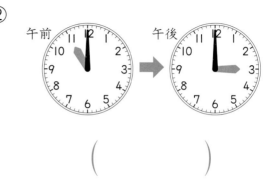

(　　　　　　　　　)

長いはりが、いちばん小さい目もりで1つ分動くと1分(間)だね。長いは
りが1回りした時間は1時間だね。たいせつなので、しっかり思い出そう。

2年生で習ったこと ②

月　　日　　時　分〜　時　分

名前

点

❶ 左の時こくから右の時こくまでの時間は何分ですか。　　　10点(1つ5)

①

（　　　　　　）

②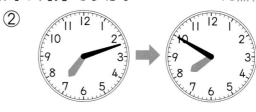

（　　　　　　）

> 長いはりが動いた
> 目もりの数を数えよう。

❷ 次の時間を答えましょう。　　　10点(1つ5)

①　1時20分から2時までの時間

（　　　　　　）

②　4時から5時までの時間

（　　　　　　）

❸ いま、9時45分です。次の時こくを答えましょう。　　　30点(1つ10)

①　1時間あと（　　　　　　）

②　30分あと（　　　　　　）

③　20分前　（　　　　　　）

❹ □にあてはまる数をかきましょう。　　　10点(1つ5)

①　60分＝□時間　　　②　1時間40分＝□分

5 左の時こくから右の時こくまでの時間は何時間ですか。　

①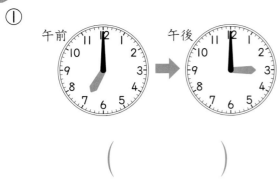

(　　　　　)

②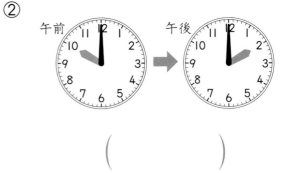

(　　　　　)

③

(　　　　　)

④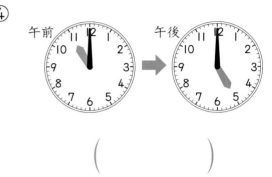

(　　　　　)

6 次の時間は何時間ですか。　20点(1つ10)

① 午前9時から午後2時までの時間

(　　　　　)

② 午前10時から午後5時までの時間

(　　　　　)

> 午前は、正午より「前」の時間を表していて、
> 午後は、正午より「あと」の時間を表していたね。
> おぼえていたかな。しっかり思い出しておこう。

午前から午後にまたがる長い時間をもとめるときは、午前○時から正午までと、正午から午後△時までに分けて考えるといいよ。

1 あわせた時間をもとめましょう。　　　　　　　　　　10点(1つ5)

① 30分と50分をあわせた時間

（　　　　　）

② 2時間30分と1時間30分をあわせた時間

（　　　　　）

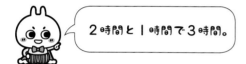
2時間と1時間で3時間。

30分と30分で60分だから、
3時間と60分ですね。

2 あわせた時間をもとめましょう。　　　　　　　　　　30点(1つ6)

① 20分と50分をあわせた時間　　　　　（　　　　　）

```
0                               1時間
|----|----|----|----|----|----|----|----|----|
```

② 50分と50分をあわせた時間　　　　　（　　　　　）

③ 1時間10分と50分をあわせた時間　　（　　　　　）

④ 1時間と1時間30分をあわせた時間　　（　　　　　）

⑤ 2時間40分と1時間40分をあわせた時間　（　　　　　）

❸ あわせた時間をもとめましょう。　　　　　　　　60点（1つ6）

① 50分と40分をあわせた時間　　　　　（　　　　　　　）

② 40分と30分をあわせた時間　　　　　（　　　　　　　）

③ 40分と40分をあわせた時間　　　　　（　　　　　　　）

④ 1時間50分と50分をあわせた時間　　（　　　　　　　）

⑤ 30分と1時間50分をあわせた時間　　（　　　　　　　）

⑥ 1時間20分と40分をあわせた時間　　（　　　　　　　）

⑦ 2時間と1時間40分をあわせた時間　　（　　　　　　　）

⑧ 1時間と2時間20分をあわせた時間　　（　　　　　　　）

⑨ 2時間50分と1時間50分をあわせた時間（　　　　　　　）

⑩ 1時間30分と2時間30分をあわせた時間（　　　　　　　）

🐱 60分は1時間だから、60分をこえたら1時間○分と答えよう。
計算まちがいをしないようにしよう。

| 月 | 日 | 時 | 分〜 | 時 | 分 |

名前

点

❶ 1時間20分と30分のちがいは、何分ですか。
□にあてはまる数をかきましょう。

10点(□1つ5)

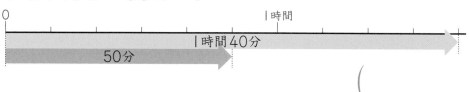

1時間20分は 80 分。

1時間20分を
80分になおして
考えるよ。

80分から30分をひいて、 50 分です。

❷ 次の時間のちがいをもとめましょう。

30点(1つ10)

① 1時間40分と50分のちがい

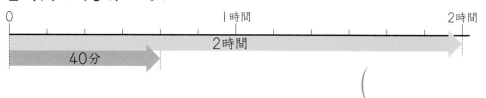

( )

② 2時間と40分のちがい

( )

③ 2時間30分と50分のちがい

( )

2時間30分を1時間90分と
考えよう。

90分から50分をひけば
いいんですね。

3 次の時間のちがいをもとめましょう。 60点（1つ10）

① 1時間30分と50分のちがい

（　　　　　）

② 1時間10分と40分のちがい

（　　　　　）

③ 1時間20分と40分のちがい

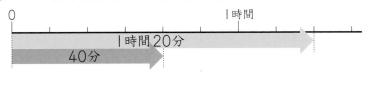

（　　　　　）

④ 2時間と10分のちがい

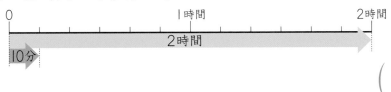

（　　　　　）

⑤ 2時間40分と30分のちがい

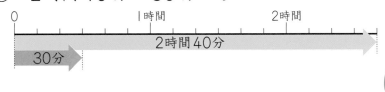

（　　　　　）

⑥ 3時間10分と20分のちがい

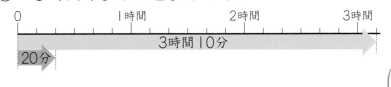

（　　　　　）

1時間を60分になおしてひき算をすればいいね。
答えは何分のときと、何時間何分のときがあるよ。気をつけよう。

18

❶　3時間10分と1時間30分のちがいは、何時間何分ですか。
　　□にあてはまる数をかいて、⑦、④の2通りの考え方でもとめましょう。

32点(□1つ4)

⑦
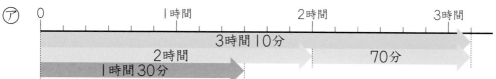

3時間10分を、
2時間と1時間10分

2時間 **70** 分と考えます。

```
　　　┌─2時間─1時間─┐
2時間 70分 － 1時間 30分
　　　　└─70分－30分─┘
＝1時間40分
```

2時間70分から1時間30分をひいて、

ちがいは **1** 時間 **40** 分です。

「時間」どうし、「分」どうしを
ひくんだよ。

④
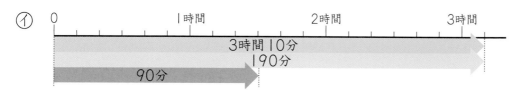

3時間10分は、60＋60＋60＋ □ ＝190(分)

1時間30分は □ 分。

190分と90分のちがいは **100** 分。

100分は、□ 時間 □ 分です。

やりやすいほうで
考えよう。

② 次の時間のちがいをもとめましょう。　　　　　　　　18点(1つ6)

① 　2時間40分と1時間20分のちがい

0　　　　　　　1時間　　　　　　　2時間

2時間40分

1時間20分

（　　　　　　　　　　　）

② 　4時間20分と2時間10分のちがい

0　　　1時間　　2時間　　3時間　　4時間

4時間20分

2時間10分

（　　　　　　　　　　　）

③ 　3時間30分と1時間50分のちがい

0　　　　1時間　　　　2時間　　　　3時間

3時間30分

1時間50分

（　　　　　　　　　　　）

③ 次の時間のちがいをもとめましょう。　　　　　　　　50点(1つ10)

① 　3時間と1時間40分のちがい

（　　　　　　　　　　　）

② 　2時間40分と1時間10分のちがい

（　　　　　　　　　　　）

③ 　3時間10分と1時間20分のちがい

（　　　　　　　　　　　）

④ 　3時間30分と2時間50分のちがい

（　　　　　　　　　　　）

⑤ 　4時間10分と1時間30分のちがい

（　　　　　　　　　　　）

2通りの考え方があるけれど、わかりやすいほうで考えればいいよ。

| 月 | 日 | 時 | 分～ | 時 | 分 |

名前

点

❶ 次の時間は何分ですか。　　　　　　　　　　　　　　20点(1つ5)

① 午前7時40分から午前8時20分までの時間　　（　　　　　）

② 午後4時30分から午後5時15分までの時間　　（　　　　　）

③ 午後2時35分から午後3時10分までの時間　　（　　　　　）

④ 午前10時55分から午前11時45分までの時間　（　　　　　）

❷ 次の時間は何時間何分ですか。　　　　　　　　　　20点(1つ5)

① 午前9時から午前10時40分までの時間　　　（　　　　　）

② 午後3時30分から午後5時までの時間　　　　（　　　　　）

③ 午前5時50分から午前8時20分までの時間　（　　　　　）

④ 午後6時25分から午後9時35分までの時間　（　　　　　）

「○時まで」と「○時から」に分けて考えるしかたと、
何時間と何分に分けて考えるしかたがあるよ。

❸ 次の時間をもとめましょう。　　　　　　　　　　　　30点(1つ6)

① 午前4時から午後2時30分までの時間　　（　　　　　　　　　　　）

② 午前9時20分から午後4時20分までの時間（　　　　　　　　　　　）

③ 午前11時10分から午後6時までの時間　（　　　　　　　　　　　）

④ 午前6時45分から午後1時20分までの時間（　　　　　　　　　　　）

⑤ 午前3時15分から午後2時25分までの時間（　　　　　　　　　　　）

❹ 次の時間をもとめましょう。　　　　　　　　　　　　30点(1つ6)

① 午後9時45分から午後10時25分までの時間（　　　　　　　　　　）

② 午前7時20分から午前11時45分までの時間（　　　　　　　　　　）

③ 午前11時15分から午後2時20分までの時間（　　　　　　　　　　）

④ 午前6時35分から午後4時15分までの時間（　　　　　　　　　　）

⑤ 午前8時10分から午後3時5分までの時間（　　　　　　　　　　）

答えが何分になるもの、何時間になるもの、何時間何分になるものがあるので気をつけよう。

1 左の時こくから右の時こくまでの時間をもとめましょう。　20点（1つ5）

① 　（　　　　　）

② 　（　　　　　）

③ 　（　　　　　）

④ 　（　　　　　）

2 次の時間をもとめましょう。　20点（1つ5）

① 50分と30分をあわせた時間

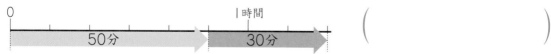　（　　　　　）

② 1時間10分と40分のちがい

　（　　　　　）

③ 1時間20分と50分をあわせた時間

（　　　　　）

④ 3時間50分と20分のちがい

（　　　　　）

3 次の時間をもとめましょう。　　　　　　　　　　20点(1つ5)

① 2時間と3時間20分をあわせた時間　　　(　　　　　　　)

② 2時間20分と1時間10分のちがい　　　(　　　　　　　)

③ 3時間50分と2時間10分をあわせた時間　(　　　　　　　)

④ 4時間10分と2時間50分のちがい　　　(　　　　　　　)

4 次の時間をもとめましょう。　　　　　　　　　　40点(1つ5)

① 午前9時50分から午前10時45分までの時間 (　　　　　　　)

② 午後1時30分から午後3時までの時間　　　(　　　　　　　)

③ 午前7時から午前11時10分までの時間　　(　　　　　　　)

④ 午前11時から午後1時25分までの時間　　(　　　　　　　)

⑤ 午前8時45分から午後4時10分までの時間 (　　　　　　　)

⑥ 午前10時20分から午後2時40分までの時間 (　　　　　　　)

⑦ 午前6時15分から午後1時までの時間　　　(　　　　　　　)

⑧ 午前9時30分から午後5時20分までの時間 (　　　　　　　)

17 何分かたった時こく ①

1 4時40分から30分たった時こくは何時何分ですか。
□にあてはまる数をかきましょう。

30点(□1つ10)

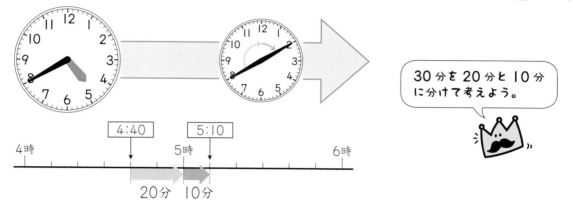

30分を20分と10分
に分けて考えよう。

5時まで 20 分。5時から 10 分なので、5時 10 分です。

2 次の時こくは何時何分ですか。

20点(1つ10)

① 3時45分から20分たった時こく

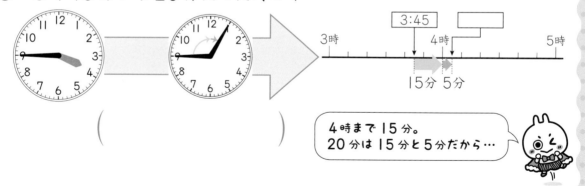

(　　　　　　)

4時まで15分。
20分は15分と5分だから…

② 10時30分から50分たった時こく

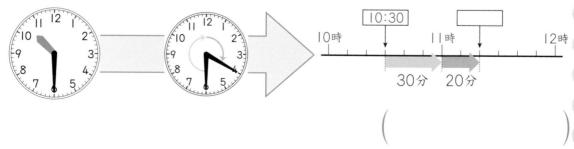

(　　　　　　)

③ 次の時こくは何時何分ですか。 50点(1つ10)

① 7時50分から20分たった時こく

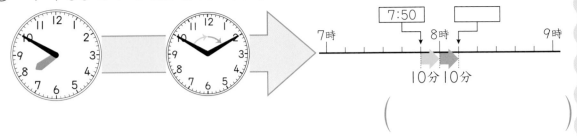

( )

② 6時30分から45分たった時こく

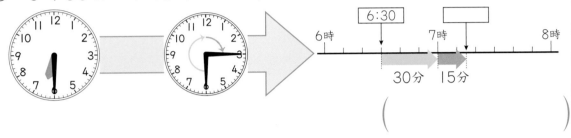

( )

③ 10時40分から40分たった時こく

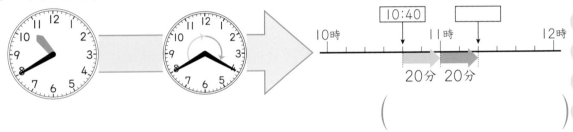

( )

④ 2時55分から10分たった時こく

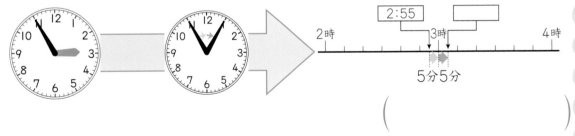

( )

⑤ 8時45分から25分たった時こく

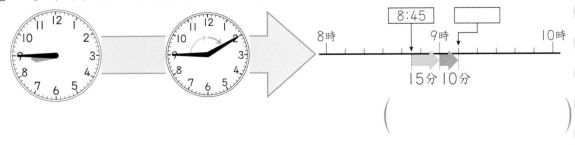

( )

😺 ある時こくから何分かたった時こくは、○時ちょうどの時こくまでの時間
と、のこりの時間を数直線で考えるとわかりやすいよ。

名前

月 日 時 分〜 時 分

点

❶ 次の時こくは何時何分ですか。

40点（1つ8）

① 2時40分から40分たった時こく

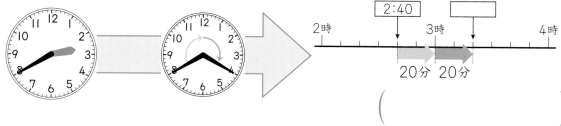

( )

② 5時30分から35分たった時こく

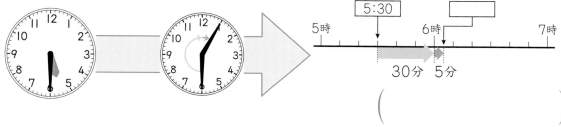

( )

③ 4時20分から55分たった時こく

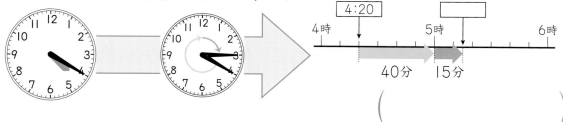

( )

④ 7時35分から50分たった時こく

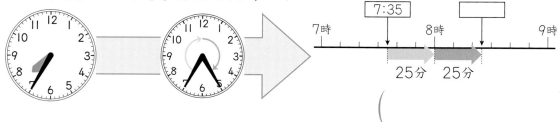

( )

⑤ 1時55分から25分たった時こく

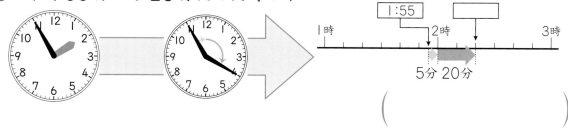

( )

次の時こくは何時何分ですか。   60点(1つ10)

① 6時20分から50分たった時こく

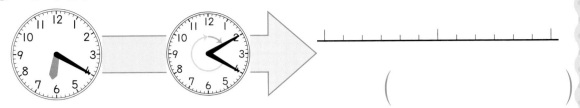

(　　　　　　　　)

② 9時50分から15分たった時こく

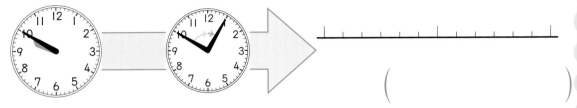

(　　　　　　　　)

③ 10時55分から30分たった時こく

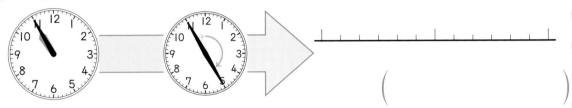

(　　　　　　　　)

④ 8時25分から45分たった時こく

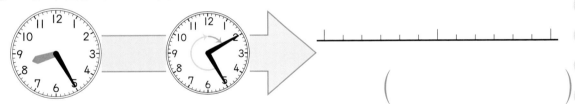

(　　　　　　　　)

⑤ 2時35分から35分たった時こく

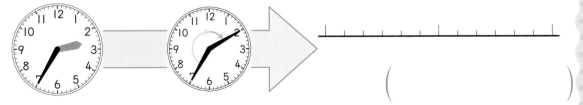

(　　　　　　　　)

⑥ 3時15分から50分たった時こく

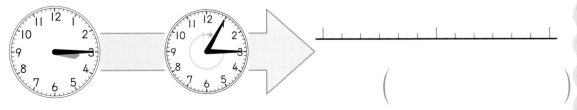

(　　　　　　　　)

👑 わからないときは、数直線に時こくをかき入れて考えよう。

月　日　時　分〜　時　分

名前

点

❶ 次の時こくは何時何分ですか。

40点（1つ5）

① 8時50分から30分たった時こく

9時までが
10分だから…

(　　　　　　　　)

② 4時30分から45分たった時こく

(　　　　　　　　)

③ 3時10分から55分たった時こく

(　　　　　　　　)

④ 9時55分から15分たった時こく

(　　　　　　　　)

⑤ 7時35分から50分たった時こく

(　　　　　　　　)

⑥ 10時45分から25分たった時こく

(　　　　　　　　)

⑦ 5時20分から55分たった時こく

(　　　　　　　　)

⑧ 1時25分から40分たった時こく

(　　　　　　　　)

② 次の時こくは何時何分ですか。 60点(1つ6)

① 2時20分から50分たった時こく　② 7時50分から40分たった時こく

|

(　　　　　　　)　　　　(　　　　　　　)

③ 6時40分から25分たった時こく　④ 1時30分から55分たった時こく

|

(　　　　　　　)　　　　(　　　　　　　)

⑤ 8時55分から20分たった時こく　⑥ 5時45分から40分たった時こく

|

(　　　　　　　)　　　　(　　　　　　　)

⑦ 10時15分から50分たった時こく　⑧ 4時35分から45分たった時こく

|

(　　　　　　　)　　　　(　　　　　　　)

⑨ 9時25分から50分たった時こく　⑩ 3時45分から35分たった時こく

|

(　　　　　　　)　　　　(　　　　　　　)

長いはりが「12」を通りすぎると「何時」がかわることがわかったかな？
たくさん練習をして、考え方になれよう。

1 次の時こくは何時何分ですか。 40点(1つ5)

① 5時30分から40分たった時こく （　　　　）

 6時までの時間と6時からの時間に分けて考えよう。

② 10時50分から50分たった時こく （　　　　）

③ 3時40分から45分たった時こく （　　　　）

④ 6時55分から25分たった時こく （　　　　）

⑤ 1時45分から30分たった時こく （　　　　）

⑥ 4時55分から35分たった時こく （　　　　）

⑦ 8時25分から45分たった時こく （　　　　）

⑧ 2時35分から40分たった時こく （　　　　）

 長いはりが「12」を通りすぎると、「何時」がかわるよ。

❷ 次の時こくは何時何分ですか。

① 7時30分から50分たった時こく （　　　　　）

② 9時40分から30分たった時こく （　　　　　）

③ 10時20分から45分たった時こく （　　　　　）

④ 3時55分から55分たった時こく （　　　　　）

⑤ 1時50分から35分たった時こく （　　　　　）

⑥ 8時55分から40分たった時こく （　　　　　）

⑦ 6時45分から20分たった時こく （　　　　　）

⑧ 5時35分から50分たった時こく （　　　　　）

⑨ 10時45分から45分たった時こく （　　　　　）

⑩ 8時10分から55分たった時こく （　　　　　）

○時ちょうどまでの時間とのこりの時間を計算できるようになったかな。
わからないときは、図をかいて考えてみよう。

21 何分か前の時こく ①

月　日　時　分〜　時　分

名前

点

❶ 7時10分の20分前の時こくは何時何分ですか。
　　□にあてはまる数をかきましょう。

30点(□1つ10)

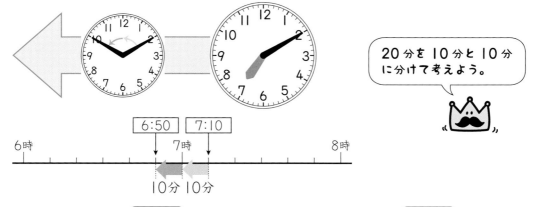

20分を10分と10分
に分けて考えよう。

7時10分から □10 分前が7時、7時からさらに □10 分前は、

6時 □50 分です。

❷ 次の時こくは何時何分ですか。

20点(1つ10)

① 9時20分の30分前の時こく

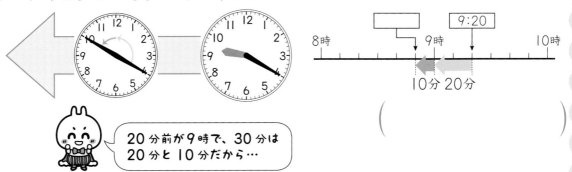

20分前が9時で、30分は
20分と10分だから…

(　　　　　　)

② 4時10分の15分前の時こく

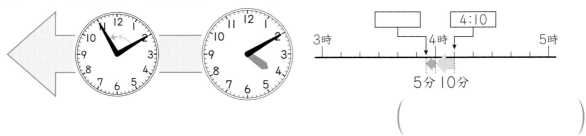

(　　　　　　)

41

3 次の時こくは何時何分ですか。　　　　　　　　50点（1つ10）

① 10時10分の40分前の時こく

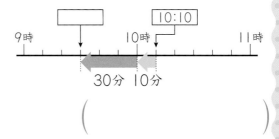

（　　　　　　　　　）

② 2時30分の50分前の時こく

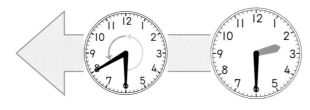
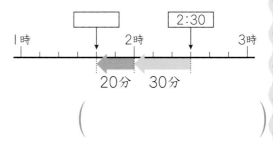

（　　　　　　　　　）

③ 8時20分の25分前の時こく

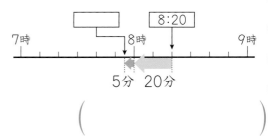

（　　　　　　　　　）

④ 6時5分の35分前の時こく

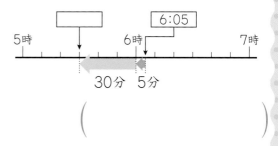

（　　　　　　　　　）

⑤ 9時25分の45分前の時こく

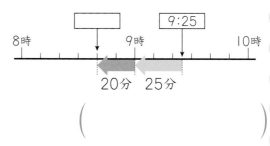

（　　　　　　　　　）

ある時こくの何分か前の時こくは、○時ちょうどの時こくまで時間をもどして、そこからさらに、のこりの時間をもどして考えればいいよ。

22 何分か前の時こく ②

① 次の時こくは何時何分ですか。　　　　　　　40点(1つ8)

① 6時20分の40分前の時こく

(　　　　)

② 5時40分の50分前の時こく

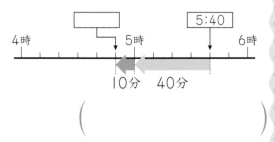

(　　　　)

③ 3時10分の25分前の時こく

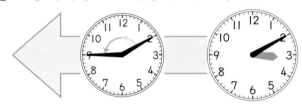
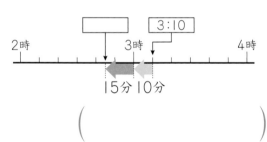

(　　　　)

④ 7時15分の35分前の時こく

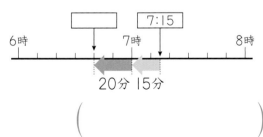

(　　　　)

⑤ 10時25分の55分前の時こく

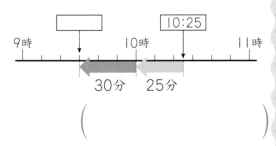

(　　　　)

① 9時10分の50分前の時こく

(　　　　　)

② 4時30分の40分前の時こく

(　　　　　)

③ 7時20分の35分前の時こく

(　　　　　)

④ 2時40分の45分前の時こく

(　　　　　)

⑤ 8時5分の25分前の時こく

(　　　　　)

⑥ 11時35分の45分前の時こく

(　　　　　)

「○分前」の時こくをもとめるとき、長いはりが「12」を通りすぎると「何時」がかわるよ。気をつけよう。

23 何分か前の時こく ③

月	日	時	分〜	時	分

名前

点

1 次の時こくは何時何分ですか。

40点(1つ5)

① 5時10分の30分前の時こく

10分前が5時だから、5時の20分前の時こくだね。

( )

② 2時20分の50分前の時こく

( )

③ 8時30分の35分前の時こく

( )

④ 3時40分の55分前の時こく

( )

⑤ 6時10分の20分前の時こく

( )

⑥ 7時20分の40分前の時こく

( )

⑦ 10時5分の15分前の時こく

( )

⑧ 4時15分の30分前の時こく

( )

45

❷ 次の時こくは何時何分ですか。

① 5時30分の40分前の時こく　② 9時10分の30分前の時こく

| | | | | | | | | | | |

（　　　　　　　）　　　（　　　　　　　）

③ 11時20分の50分前の時こく　④ 4時30分の45分前の時こく

| | | | | | | | | | | |

（　　　　　　　）　　　（　　　　　　　）

⑤ 10時10分の35分前の時こく　⑥ 2時50分の55分前の時こく

| | | | | | | | | | | |

（　　　　　　　）　　　（　　　　　　　）

⑦ 6時15分の25分前の時こく　⑧ 3時35分の55分前の時こく

| | | | | | | | | | | |

（　　　　　　　）　　　（　　　　　　　）

⑨ 12時25分の35分前の時こく　⑩ 8時25分の30分前の時こく

| | | | | | | | | | | |

（　　　　　　　）　　　（　　　　　　　）

○分前のもとめ方にもなれてきたかな。
わからないときは、時計の図や数直線に時こくをかき入れて考えよう。

24 何分か前の時こく ④

月　日　　時　分〜　時　分

名前

点

❶ 次の時こくは何時何分ですか。

40点（1つ5）

① 2時10分の30分前の時こく　　　　　　（　　　　　　）

② 4時40分の50分前の時こく　　　　　　（　　　　　　）

③ 3時20分の40分前の時こく　　　　　　（　　　　　　）

④ 9時30分の35分前の時こく　　　　　　（　　　　　　）

⑤ 12時20分の45分前の時こく　　　　　　（　　　　　　）

⑥ 5時15分の25分前の時こく　　　　　　（　　　　　　）

⑦ 9時5分の45分前の時こく　　　　　　（　　　　　　）

⑧ 11時45分の50分前の時こく　　　　　　（　　　　　　）

長いはりが「12」を通りすぎてもどると、「何時」がかわるよ。

2 次の時こくは何時何分ですか。　　　　　　　　　　　　60点（1つ6）

① 8時10分の40分前の時こく　　　　　　（　　　　　　　　）

② 10時20分の30分前の時こく　　　　　（　　　　　　　　）

③ 3時30分の50分前の時こく　　　　　　（　　　　　　　　）

④ 11時10分の15分前の時こく　　　　　（　　　　　　　　）

⑤ 2時20分の35分前の時こく　　　　　　（　　　　　　　　）

⑥ 7時50分の55分前の時こく　　　　　　（　　　　　　　　）

⑦ 5時5分の25分前の時こく　　　　　　（　　　　　　　　）

⑧ 4時15分の45分前の時こく　　　　　　（　　　　　　　　）

⑨ 6時25分の35分前の時こく　　　　　　（　　　　　　　　）

⑩ 9時35分の40分前の時こく　　　　　　（　　　　　　　　）

○時ちょうどの時こくからのこりの時間をもどすときに、「何時」の数字を まちがえないように気をつけよう。

25 何時間何分かたった時こく①

1 午前7時30分から1時間20分たった時こくをもとめます。
□にあてはまる数をかきましょう。

30点(□1つ6)

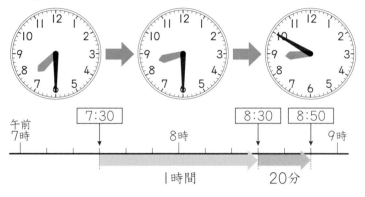

1時間20分たった時こくを
もとめるには、まず1時間たった
時こくをもとめてから、
20分たった時こくを考えると
いいね。

1時間たった時こくは午前 8 時 30 分、

さらに 20 分たった時こくは午前 8 時 50 分。

2 次の時こくをもとめましょう。

20点(1つ10)

① 午後3時10分から2時間30分たった時こく

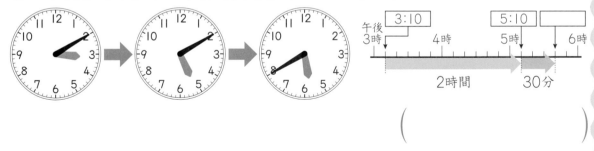

(　　　　　)

② 午後1時40分から1時間10分たった時こく

(　　　　　)

49

3 次の時こくをもとめましょう。

① 午前8時10分から1時間30分たった時こく

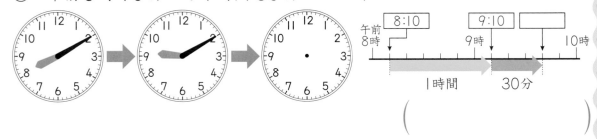

( )

② 午前9時20分から2時間10分たった時こく

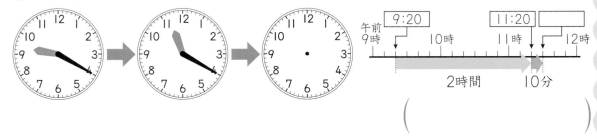

( )

③ 午前5時10分から2時間40分たった時こく

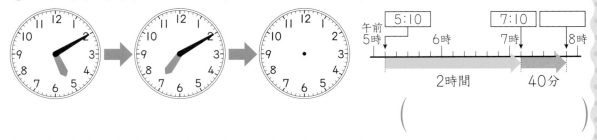

( )

④ 午後2時30分から1時間20分たった時こく

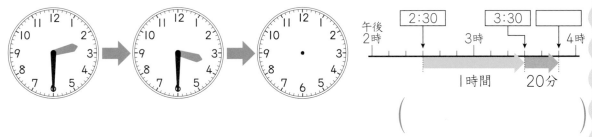

( )

⑤ 午後6時10分から2時間20分たった時こく

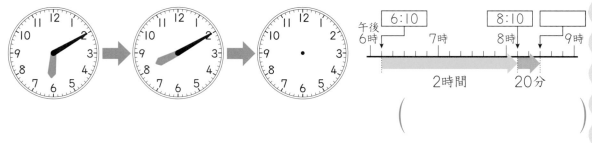

( )

ある時こくから○時間△分たった時こくをもとめるには、まず○時間たった時こくをもとめてから、△分たった時こくを考えよう。

月 日	時 分〜 時 分
名前	
	点

❶ 次の時こくをもとめましょう。　　　　　　　　　　　20点(1つ5)

① 午後3時20分から1時間10分
たった時こく

　（　　　　　　　）

② 午前9時40分から2時間10分
たった時こく

　（　　　　　　　）

③ 午後2時30分から2時間20分
たった時こく

　（　　　　　　　）

④ 午前4時10分から1時間30分
たった時こく

　（　　　　　　　）

❷ 次の時こくをもとめましょう。　　　　　　　　　　　20点(1つ5)

① 午前7時40分から2時間10分たった時こく

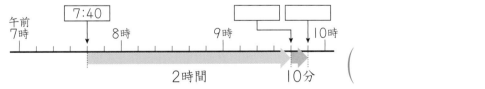　（　　　　　　　）

② 午後5時10分から2時間40分たった時こく

　（　　　　　　　）

③ 午後1時30分から1時間10分たった時こく

（　　　　　　　）

④ 午前6時10分から1時間20分たった時こく

　（　　　　　　　）

3 次の時こくをもとめましょう。　　　　　　　　60点（1つ6）

① 午後4時20分から1時間20分たった時こく

（　　　　　　　　　）

② 午前10時10分から1時間40分たった時こく

（　　　　　　　　　）

③ 午前6時30分から2時間10分たった時こく

（　　　　　　　　　）

④ 午前7時10分から1時間50分たった時こく

（　　　　　　　　　）

⑤ 午後5時20分から1時間30分たった時こく

（　　　　　　　　　）

⑥ 午後9時10分から2時間30分たった時こく

（　　　　　　　　　）

⑦ 午前3時20分から2時間20分たった時こく

（　　　　　　　　　）

⑧ 午前8時10分から1時間10分たった時こく

（　　　　　　　　　）

⑨ 午前4時40分から1時間20分たった時こく

（　　　　　　　　　）

⑩ 午前2時30分から2時間30分たった時こく

（　　　　　　　　　）

図がなくても、○時間△分たった時こくをもとめられるようになったかな。
計算まちがいをしないように気をつけよう。

31 短い時間 ①

月　　日	時　分〜　時　分
名前	
	点

❶ 90秒は何分何秒ですか。
　　□にあてはまる数をかきましょう。

8点（□1つ2）

　　1分は 60 秒です。

　　90秒は、60秒と 30 秒。

　　だから、 1 分 30 秒です。

1分より短い時間の
たんいが秒だよ。
1分＝60秒だね。

❷ 次のストップウオッチは、何秒を表していますか。

12点（1つ2）

①  （　　　　　）

②  （　　　　　）

③  （　　　　　）

④  （　　　　　）

⑤ 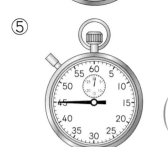 （　　　　　）

⑥  （　　　　　）

ストップウオッチの長いはりが
1回りすると1分だよ。

61

❸ 次の時間は何分何秒ですか。□にあてはまる数をかきましょう。

40点（1つ5）

① 70 秒 ＝ ☐ 分 ☐ 秒　　② 100 秒 ＝ ☐ 分 ☐ 秒

③ 110 秒 ＝ ☐ 分 ☐ 秒　　④ 80 秒 ＝ ☐ 分 ☐ 秒

⑤ 105 秒 ＝ ☐ 分 ☐ 秒　　⑥ 95 秒 ＝ ☐ 分 ☐ 秒

⑦ 85 秒 ＝ ☐ 分 ☐ 秒　　⑧ 75 秒 ＝ ☐ 分 ☐ 秒

❹ 次の時間をもとめましょう。

40点（1つ5）

① 1分は何秒ですか。　　　　　　　　（　　　　　　　　）

② 2分は何秒ですか。　　　　　　　　（　　　　　　　　）

③ 1分30秒は何秒ですか。　　　　　（　　　　　　　　）

④ 1分10秒は何秒ですか。　　　　　（　　　　　　　　）

⑤ 1分20秒は何秒ですか。　　　　　（　　　　　　　　）

⑥ 1分40秒は何秒ですか。　　　　　（　　　　　　　　）

⑦ 65秒は何分何秒ですか。　　　　　（　　　　　　　　）

⑧ 115秒は何分何秒ですか。　　　　（　　　　　　　　）

「1分＝60秒」を使って、時間のたんいをかえて表せるようになろう。

月　日　　時　分～　時　分

名前

点

❶ □にあてはまる数をかきましょう。　　　　　　　　30点(1つ3)

① 60秒 = □ 分

② 90秒 = □ 分 □ 秒

③ 100秒 = □ 分 □ 秒

④ 120秒 = □ 分

> 1分=60秒
> だから…

⑤ 80秒 = □ 分 □ 秒

⑥ 75秒 = □ 分 □ 秒

⑦ 2分 = □ 秒

⑧ 1分10秒 = □ 秒

⑨ 1分50秒 = □ 秒

⑩ 1分5秒 = □ 秒

❷ 次の時間をもとめましょう。　　　　　　　　30点(1つ5)

① 105秒は何分何秒ですか。　　　　　　（　　　　　　　）

② 70秒は何分何秒ですか。　　　　　　（　　　　　　　）

③ 95秒は何分何秒ですか。　　　　　　（　　　　　　　）

④ 85秒は何分何秒ですか。　　　　　　（　　　　　　　）

⑤ 1分40秒は何秒ですか。　　　　　　（　　　　　　　）

⑥ 1分20秒は何秒ですか。　　　　　　（　　　　　　　）

❸ 次の時間は何分何秒ですか。　　　　　　　　　　20点（1つ2）

① 80秒　（　　　　　　　　）　② 100秒　（　　　　　　　　）

③ 90秒　（　　　　　　　　）　④ 110秒　（　　　　　　　　）

⑤ 65秒　（　　　　　　　　）　⑥ 70秒　（　　　　　　　　）

⑦ 85秒　（　　　　　　　　）　⑧ 95秒　（　　　　　　　　）

⑨ 105秒　（　　　　　　　　）　⑩ 115秒　（　　　　　　　　）

❹ 次の時間は何秒ですか。　　　　　　　　　　20点（1つ2）

① 1分　（　　　　　　　　）　② 2分　（　　　　　　　　）

③ 1分30秒　（　　　　　　　　）　④ 1分10秒　（　　　　　　　　）

⑤ 1分50秒　（　　　　　　　　）　⑥ 1分20秒　（　　　　　　　　）

⑦ 1分40秒　（　　　　　　　　）　⑧ 1分15秒　（　　　　　　　　）

⑨ 2分10秒　（　　　　　　　　）　⑩ 2分30秒　（　　　　　　　　）

> 1分＝60秒と考えて
> 計算するといいね。

計算まちがいをしないように気をつけよう。

月 日	時 分～ 時 分
名前	
	点

❶ □にあてはまる数をかきましょう。　　　40点（1つ2）

① 80秒 = ☐ 分 ☐ 秒　　② 75秒 = ☐ 分 ☐ 秒

③ 90秒 = ☐ 分 ☐ 秒　　④ 115秒 = ☐ 分 ☐ 秒

⑤ 125秒 = ☐ 分 ☐ 秒　　⑥ 1分5秒 = ☐ 秒

> 1分＝60秒
> 1時間＝60分
> だったね。

⑦ 1分10秒 = ☐ 秒　　⑧ 1分45秒 = ☐ 秒

⑨ 2分 = ☐ 秒　　⑩ 1分50秒 = ☐ 秒

⑪ 70分 = ☐ 時間 ☐ 分　　⑫ 85分 = ☐ 時間 ☐ 分

⑬ 100分 = ☐ 時間 ☐ 分　　⑭ 120分 = ☐ 時間

⑮ 150分 = ☐ 時間 ☐ 分　　⑯ 1時間20分 = ☐ 分

⑰ 1時間35分 = ☐ 分　　⑱ 1時間40分 = ☐ 分

⑲ 2時間10分 = ☐ 分　　⑳ 3時間 = ☐ 分

❷ □にあてはまる数をかきましょう。

① 65秒＝ □ 分 □ 秒　　② 70秒＝ □ 分 □ 秒

③ 85秒＝ □ 分 □ 秒　　④ 105秒＝ □ 分 □ 秒

⑤ 150秒＝ □ 分 □ 秒　　⑥ 1分20秒＝ □ 秒

⑦ 1分15秒＝ □ 秒　　⑧ 1分40秒＝ □ 秒

⑨ 2分10秒＝ □ 秒　　⑩ 2分20秒＝ □ 秒

⑪ 90分＝ □ 時間 □ 分　　⑫ 105分＝ □ 時間 □ 分

⑬ 115分＝ □ 時間 □ 分　　⑭ 130分＝ □ 時間 □ 分

⑮ 160分＝ □ 時間 □ 分　　⑯ 1時間15分＝ □ 分

⑰ 1時間32分＝ □ 分　　⑱ 1時間25分＝ □ 分

⑲ 2時間＝ □ 分　　⑳ 2時間20分＝ □ 分

「1分＝60秒」「1時間＝60分」のかん係を使って、すばやくたんいをかえられるようになろう。

月　日　時　分〜　時　分

名前

点

1 □にあてはまる数をかきましょう。　　　　40点（1つ2）

① 90 秒 = ☐ 分 ☐ 秒　　　② 65 秒 = ☐ 分 ☐ 秒

③ 100 秒 = ☐ 分 ☐ 秒　　④ 120 秒 = ☐ 分

> 120 秒
> = 60 秒 + 60 秒
> = 1 分 + 1 分

⑤ 85 秒 = ☐ 分 ☐ 秒　　⑥ 1 分 20 秒 = ☐ 秒

⑦ 1 分 35 秒 = ☐ 秒　　⑧ 1 分 55 秒 = ☐ 秒

⑨ 2 分 5 秒 = ☐ 秒　　⑩ 2 分 30 秒 = ☐ 秒

⑪ 75 分 = ☐ 時間 ☐ 分　　⑫ 95 分 = ☐ 時間 ☐ 分

⑬ 110 分 = ☐ 時間 ☐ 分　　⑭ 140 分 = ☐ 時間 ☐ 分

⑮ 160 分 = ☐ 時間 ☐ 分　　⑯ 1 時間 30 分 = ☐ 分

⑰ 1 時間 10 分 = ☐ 分　　⑱ 1 時間 25 分 = ☐ 分

⑲ 2 時間 = ☐ 分　　⑳ 2 時間 20 分 = ☐ 分

❷ □にあてはまる数をかきましょう。

① 75 秒（びょう）= □ 分 □ 秒 　　② 80 秒 = □ 分 □ 秒

③ 103 秒 = □ 分 □ 秒 　　④ 110 秒 = □ 分 □ 秒

⑤ 170 秒 = □ 分 □ 秒 　　⑥ 1 分 15 秒 = □ 秒

⑦ 1 分 42 秒 = □ 秒 　　⑧ 1 分 50 秒 = □ 秒

⑨ 2 分 = □ 秒 　　⑩ 2 分 10 秒 = □ 秒

⑪ 85 分 = □ 時間 □ 分 　　⑫ 90 分 = □ 時間 □ 分

⑬ 106 分 = □ 時間 □ 分 　　⑭ 125 分 = □ 時間 □ 分

⑮ 130 分 = □ 時間 □ 分 　　⑯ 1 時間 5 分 = □ 分

⑰ 1 時間 35 分 = □ 分 　　⑱ 1 時間 50 分 = □ 分

⑲ 2 時間 15 分 = □ 分 　　⑳ 2 時間 55 分 = □ 分

1 分 = 60 秒、1 時間 = 60 分 だったね。

たんいをかえるときに、計算まちがいをしないように気をつけよう。

35 時間の長さくらべ

月 日　時 分〜 時 分

名前

点

❶ １分 15 秒と 80 秒では、どちらの時間が長いですか。

□にあてはまる数やことばをかいて、⑦、①の２通りの考え方でもとめましょう。

24点(□1つ4)

⑦ 秒にそろえて考えると、

１分 15 秒は 75 秒だから、80 秒よりも 短 いです。

だから、時間が長いのは 80 秒です。

① 何分何秒にそろえて考えると、

80 秒は１分 20 秒だから、１分 15 秒よりも 長 いです。

だから、時間が長いのは ☐ 秒です。

> 秒にそろえるか、何分何秒にそろえて考えるんだね。

> 時間の長さをくらべるときは、たんいをそろえてくらべます。

❷ どちらの時間が長いですか。

24点(1つ4)

① （１分、70 秒）

(　　　　　)

② （１分 40 秒、90 秒）

(　　　　　)

③ （140 秒、2 分）

(　　　　　)

④ （１分 30 秒、100 秒）

(　　　　　)

⑤ （105 秒、１分 50 秒）

(　　　　　)

⑥ （１分 45 秒、130 秒）

(　　　　　)

❸ どの時間がいちばん長いですか。　　　　　　　　　　　40点(1つ4)

① （1分10秒、65秒）　　　　　② （80秒、1分30秒）

（　　　　　　　　）　　　　　　（　　　　　　　　）

③ （1分40秒、105秒）　　　　　④ （1時間5分、75分）

（　　　　　　　　）　　　　　　（　　　　　　　　）

⑤ （90分、1時間25分）　　　　⑥ （1時間45分、145分）

（　　　　　　　　）　　　　　　（　　　　　　　　）

⑦ （92秒、1分35秒、105秒）⑧ （2分、115秒、1分50秒）

（　　　　　　　　）　　　　　　（　　　　　　　　）

⑨ （1時間30分、110分、2時間10分）⑩ （1時間5分、130分、2時間）

（　　　　　　　　）　　　　　　（　　　　　　　　）

❹ 次の時間を長いじゅんにかきましょう。　　　　　　　12点(1つ6)

① （1日、100秒、80分、1時間10分）

1日＝24時間　　（　　　　　　　　　　　　　　　　　　）

② （150秒、1分30秒、200分、3時間）

（　　　　　　　　　　　　　　　　　　）

時間の長さをくらべるときは、たんいをそろえて考えよう。
答えは、もとの時間のたんいでかこう。

70

時間のたんい

❶ あ、①、⑦の中で、秒を使って表すのがよい時間はどれですか。
　　□にあてはまる時間のたんいをかいて、記号で答えましょう。　20点(1つ5)

あ　国語のじゅぎょうの時間　45 分

①　50mを走るのにかかった時間　10 秒

⑦　図書館が朝開いてから、夜しまるまでの時間　11 □

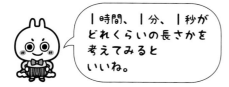
1時間、1分、1秒が
どれくらいの長さかを
考えてみると
いいね。

答え（　　　　）

❷ （　）にあてはまる時間のたんいをかきましょう。　30点(1つ6)

①　1日にねる時間　9（　　　　）

②　学校の休み時間　10（　　　　）

③　学校のきゅう食の時間　45（　　　　）

④　朝学校に行ってから、夕方家に帰ってくる
　　までの時間　8（　　　　）

⑤　テレビのコマーシャルの時間　15（　　　　）

秒、分、時間のたんいから
考えよう。

❸ （　）にあてはまる時間のたんいをかきましょう。　　50点(1つ5)

① 家で宿題をした時間　　　　　　　　　　　1 （　　　　　　　）

② 紙ひこうきをとばしたときに、紙ひこうきが　　6 （　　　　　　　）
　　とんでいた時間

③ 朝起きてから夜ねるまでの時間　　　　　　14 （　　　　　　　）

④ 家を出てから学校に着くまでの時間　　　　20 （　　　　　　　）

⑤ 公園で遊んでいた時間　　　　　　　　　　1 （　　　　　　　）

⑥ 朝ごはんを食べるのにかかった時間　　　　15 （　　　　　　　）

⑦ りくじょうのせん手が100mを走るのに　　10 （　　　　　　　）
　　かかった時間

⑧ しんごうきが黄色から赤にかわるまでの時間　3 （　　　　　　　）

⑨ おふろにはいっていた時間　　　　　　　　20 （　　　　　　　）

⑩ 歯をみがく時間　　　　　　　　　　　　　3 （　　　　　　　）

👑 場面を思いうかべれば、どのたんいを使うのがよいかわかるよ。

37 まとめのテスト

名前

点

1 □にあてはまる数をかきましょう。　　　　　　40点(1つ2)

① 1分＝□秒

② 80秒＝□分□秒

③ 100秒＝□分□秒

④ 120秒＝□分

⑤ 95秒＝□分□秒

⑥ 115秒＝□分□秒

⑦ 1分30秒＝□秒

⑧ 1分10秒＝□秒

⑨ 1分5秒＝□秒

⑩ 2分15秒＝□秒

⑪ 80分＝□時間□分

⑫ 68分＝□時間□分

⑬ 90分＝□時間□分

⑭ 105分＝□時間□分

⑮ 120分＝□時間

⑯ 152分＝□時間□分

⑰ 1時間10分＝□分

⑱ 1時間25分＝□分

⑲ 2時間＝□分

⑳ 2時間13分＝□分

2 どの時間がいちばん長いですか。 〔40点(1つ5)〕

① （80秒、1分10秒）　　　② （1分31秒、75秒）

　　　　　（　　　　　　）　　　　　（　　　　　　）

③ （2分、130秒）　　　　④ （157秒、1分50秒）

　　　　　（　　　　　　）　　　　　（　　　　　　）

⑤ （95分、1時間25分）　　⑥ （1時間42分、112分）

　　　　　（　　　　　　）　　　　　（　　　　　　）

⑦ （2分、200秒、1分20秒）　⑧ （175秒、3時間、150分）

　　　　　（　　　　　　）　　　　　（　　　　　　）

3 （　）にあてはまる時間のたんいをかきましょう。 〔20点(1つ5)〕

① 1日にねる時間　　　　　　　　　　　　9 （　　　　　）

② 算数のじゅぎょうの時間　　　　　　　45 （　　　　　）

③ チーターが100mを走るのにかかる時間　3 （　　　　　）

④ ばんごはんを食べるのにかかった時間　30 （　　　　　）

74

月　日　もくひょう 目標時間 **15**分

名前

点

1 左の時こくから右の時こくまでの時間をもとめましょう。　　10点(1つ5)

① 午前　　午前

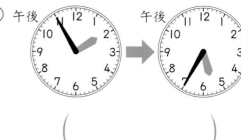

② 午後　　午後

(　　　　　　　)　　　　(　　　　　　　)

2 次の時間をもとめましょう。　　20点(1つ5)

① 午前7時25分から午前8時10分までの時間 (　　　　　　)

② 午後4時から午後6時35分までの時間 (　　　　　　)

③ 午前9時40分から午後3時までの時間 (　　　　　　)

④ 午前10時20分から午後1時30分までの時間 (　　　　　　)

3 次の時間をもとめましょう。　　20点(1つ5)

① 50分と30分をあわせると、何時間何分ですか。(　　　　　　)

② 1時間10分と40分のちがいは、何分ですか。(　　　　　　)

③ 1時間40分と40分をあわせると、何時間何分
ですか。(　　　　　　)

④ 3時間20分と1時間30分のちがいは、何時間
何分ですか。(　　　　　　)

4 次の時こくをもとめましょう。　　　　　　　　　　　20点(1つ5)

① 午前6時50分から20分たった時こく　　（　　　　　　　　　）

② 午後2時35分から50分たった時こく　　（　　　　　　　　　）

③ 午後3時40分から1時間10分たった時こく（　　　　　　　　　）

④ 午前7時20分から2時間30分たった時こく（　　　　　　　　　）

5 次の時こくをもとめましょう。　　　　　　　　　　　20点(1つ5)

① 午前8時20分の30分前の時こく　　　　（　　　　　　　　　）

② 午後4時5分の25分前の時こく　　　　　（　　　　　　　　　）

③ 午後7時40分の1時間20分前の時こく　（　　　　　　　　　）

④ 午前11時の2時間10分前の時こく　　　（　　　　　　　　　）

6 □にあてはまる数をかきましょう。　　　　　　　　　10点(1つ5)

① 1分9秒＝□秒　　　　　② 110秒＝□分□秒

39 しあげのテスト2

1 次の時間をもとめましょう。　　　　　　　　　24点(1つ4)

① 午後3時50分から午後4時20分までの時間　（　　　　　）

② 午前6時15分から午前7時10分までの時間　（　　　　　）

③ 午後5時30分から午後8時までの時間　（　　　　　）

④ 午前8時10分から午前11時30分までの時間　（　　　　　）

⑤ 午前9時から午後2時30分までの時間　（　　　　　）

⑥ 午前10時40分から午後5時までの時間　（　　　　　）

2 次の時間をもとめましょう。　　　　　　　　　16点(1つ4)

① 50分と40分をあわせると、何時間何分ですか。（　　　　　）

② 2時間と50分のちがいは、何時間何分ですか。（　　　　　）

③ 1時間50分と2時間10分をあわせると、何時間ですか。（　　　　　）

④ 3時間20分と1時間40分のちがいは、何時間何分ですか。（　　　　　）

3 次の時こくをもとめましょう。　　　　　　　　　　　　30点(1つ5)

① 午前10時40分から50分たった時こく　　　　（　　　　　　　　）

② 午後3時20分の40分前の時こく　　　　　　　（　　　　　　　　）

③ 午後6時50分から15分たった時こく　　　　　（　　　　　　　　）

④ 午前8時10分の25分前の時こく　　　　　　　（　　　　　　　　）

⑤ 午後1時30分から1時間20分たった時こく（　　　　　　　　）

⑥ 午前11時の1時間30分前の時こく　　　　　（　　　　　　　　）

4 どちらの時間が長いですか。　　　　　　　　　　　　20点(1つ5)

① （71秒、1分7秒）　　　　　② （110秒、2分）

　　　　（　　　　　　）　　　　　　　　（　　　　　　）

③ （1時間45分、95分）　　　④ （114分、1時間50分）

　　　　（　　　　　　）　　　　　　　　（　　　　　　）

5 （　）にあてはまる時間のたんいをかきましょう。　　10点(1つ5)

① 50mを走るのにかかった時間　　　　　　10（　　　　　　）

② 学校の休み時間　　　　　　　　　　　　20（　　　　　　）

40 文章題にチャレンジしよう

★1 次の時間や時こくをもとめましょう。　　　　　50点(1つ10)

① まりさんは、2時45分に家を出て、3時20分に駅に着きました。
かかった時間は何分ですか。

（　　　　　　　　　　）

② 家を出て20分歩き、9時10分に図書館に着きました。
家を出た時こくは何時何分ですか。

（　　　　　　　　　　）

③ 本屋さんにいた時間は30分、公園で遊んでいた時間は50分です。
あわせて何時間何分ですか。

（　　　　　　　　　　）

④ 遊園地へ行くのに、行きは1時間10分かかり、帰りは50分かかりました。
行きのほうが何分多くかかりましたか。

（　　　　　　　　　　）

⑤ 科学館は午前9時に開き、午後5時30分にしまります。
開いている時間は何時間何分ですか。

（　　　　　　　　　　）

午前9時から正午までと、
正午から午後5時30分までに
分けて考えるといいね。

★**2** 次の時間や時こくをもとめましょう。　　　　　　50点(1つ10)

① ゆうたさんは4時30分から5時15分までサッカーをしていました。サッカーをしていた時間は何分ですか。

（　　　　　　　　　　　）

② あやかさんは、午後2時40分に図書館にはいり、午後4時に出ました。図書館にいた時間は何時間何分ですか。

（　　　　　　　　　　　）

2時40分から3時までと、3時から4時までに分けて考えるしかたと、
2時40分から3時40分までと、3時40分から4時までに分けて考えるしかたがあるよ。

③ たいきさんたちは午前10時25分から山に登り始め、ちょう上まで50分かかりました。
ちょう上に着いた時こくは午前何時何分ですか。

（　　　　　　　　　　　）

④ 西駅から東駅まで電車で1時間30分かかります。
西駅を午後1時20分に出発すると、東駅に着く時こくは午後何時何分ですか。

（　　　　　　　　　　　）

⑤ ゆかりさんの家からおばあさんの家まで2時間10分かかります。
午前11時におばあさんの家に着くには、ゆかりさんは午前何時何分に家を出るとよいですか。

午前11時の2時間10分前の時こくをもとめればいいね。

（　　　　　　　　　　　）

3年の 時こくと時間

1 2年生で習ったこと ①

❶ ①20分（20分間）
②35分（35分間）
③25分（25分間）
④17分（17分間）

❷ ①⑦7時20分
　⑦5時50分
②⑦11時5分
　⑦9時35分

❸ ①60　　　　　②1、20
③90　　　　　④1、40
⑤70　　　　　⑥24

❹ ①午前7時55分
②午後6時15分

❺ ①7時間　　　②4時間

🏠 おうちの方へ 2年生で習ったことが身についているかどうかをたしかめる問題です。時計の長いはりが1目もり動くと「1分」、1回りすると「1時間」、「1時間＝60分」などをしっかり理かいしているかかくにんするとよいでしょう。

❶ ①「○分」は「○分間」と答えてもかまいません。これより後の問題でも同じです。
④長いはりは「17目もり」動いています。数字の「6」から「9」まで、5とびで数えるとかんたんです。

❷ ①⑦5、10、15、…と長いはりを左回りに5とびでたどると、「12」

を通って「10」まで動きます。長いはりが「12」をこえてもどるので、「何時」の部分がかわって「5時50分」です。

❸ ②80分は「60分と20分」です。

❺ ①午前9時から正午まで、正午から午後4時までに分けて考えてみるとわかりやすくなります。

2 2年生で習ったこと ②

❶ ①26分（26分間）
②38分（38分間）

❷ ①40分（40分間）
②1時間

❸ ①10時45分
②10時15分
③9時25分

❹ ①1　　　　　②100

❺ ①8時間　　　②4時間
③5時間　　　④6時間

❻ ①5時間
②7時間

🏠 おうちの方へ 1回目とは、内ようがちがっているところもあります。まちがえた問題は、やり直しておきましょう。

❸ ②長いはりが「12」を通りすぎると、「何時」の部分がかわることを理かいしているか、たしかめてあげるとよいでしょう。

3 何分をもとめる ①

1 10、20、
30

2 ①15分（15分間）
②30分（30分間）

3 ①20分（20分間）
②40分（40分間）
③50分（50分間）
④35分（35分間）
⑤45分（45分間）

🏠 おうちの方へ 時計の図と数直線を見て、ある時こくとある時こくの間の時間が「何分」かを答える学習です。数直線のやじるしの長さが時間を表していることを教えてあげましょう。どの問題も、時計の長いはりは「12」を通りすぎます。「○時ちょうどまでの時間」と「○時ちょうどからの時間」に分けて考えるとよいでしょう。長いはりが「12」をこえて動くと、短いはりの「何時」の部分がかわることを理かいしているか見てあげましょう。

3 ⑤8時40分から9時までは「20分」、9時から9時25分までは「25分」、あわせて「45分」です。

4 何分をもとめる ②

1 ①40分（40分間）
②30分（30分間）
③25分（25分間）
④35分（35分間）
⑤50分（50分間）

2 ①55分（55分間）
②50分（50分間）
③40分（40分間）
④55分（55分間）
⑤50分（50分間）
⑥45分（45分間）

🏠 おうちの方へ 3回と同様、時計の長いはりが「12」をこえて動く場合の時間を答える学習です。**2**では、時計の図だけで答えがわからないときは、右の数直線をり用して考えましょう。

2 ④10時25分から11時までは「35分」、11時から11時20分までは「20分」、あわせて「55分」です。

5 何分をもとめる ③

1 ①30分（30分間）
②50分（50分間）
③35分（35分間）
④45分（45分間）
⑤20分（20分間）
⑥40分（40分間）

2 ①20分（20分間）
②45分（45分間）
③55分（55分間）
④50分（50分間）

3 ①50分（50分間）
②55分（55分間）
③50分（50分間）
④55分（55分間）
⑤40分（40分間）
⑥30分（30分間）
⑦40分（40分間）
⑧35分（35分間）

6 何分をもとめる ④

❶
①20分（20分間）
②50分（50分間）
③45分（45分間）
④55分（55分間）
⑤45分（45分間）
⑥35分（35分間）
⑦20分（20分間）
⑧40分（40分間）

❷
①30分（30分間）
②50分（50分間）
③55分（55分間）
④35分（35分間）
⑤55分（55分間）
⑥45分（45分間）
⑦10分（10分間）
⑧50分（50分間）
⑨40分（40分間）
⑩50分（50分間）

7 あわせた時間 ①

❶ 70、60、1、10
❷ 2、80、20、3、20
❸
①1時間20分
②1時間10分
③2時間20分
④2時間40分
⑤3時間10分
⑥3時間30分

1 ① 1 時間 20 分

② 4 時間

2 ① 1 時間 10 分

② 1 時間 40 分

③ 2 時間

④ 2 時間 30 分

⑤ 4 時間 20 分

3 ① 1 時間 30 分

② 1 時間 10 分

③ 1 時間 20 分

④ 2 時間 40 分

⑤ 2 時間 20 分

⑥ 2 時間

⑦ 3 時間 40 分

⑧ 3 時間 20 分

⑨ 4 時間 40 分

⑩ 4 時間

🏠 **おうちの方へ** **2** からは、文章だけでよみとります。むずかしいときは、**2** の①のような数直線をかいて考えてみるとよいでしょう。

2 ③まず、「分」どうしを計算します。10 分と 50 分をあわせて「60分」。「60 分＝1 時間」だから、「1時間」と「1 時間」をあわせて「2 時間」です。

答え方に気をつけます。60 分をこえたら「1 時間○分」と答えるようにします。60 分ちょうどのときは「1 時間」と答えます。

1 80、50

2 ①50 分（50 分間）

②1 時間 20 分

③1 時間 40 分

3 ①40 分（40 分間）

②30 分（30 分間）

③40 分（40 分間）

④1 時間 50 分

⑤2 時間 10 分

⑥2 時間 50 分

🏠 **おうちの方へ** ある時間とある時間のちがいが「何分」あるいは「何時間何分」になるかを、数直線を見ながら答える学習です。時間のちがいは、ひき算で考えることを理かいしているか見てあげましょう。この回では「何時間何分」と「何分」のちがいをもとめます。ひかれるほうの時間が 2 時間か 2 時間より長いときは、1 時間分をくり下げて考えるほうと、全体を「分」になおして考えるほうの 2 通りあります。

2 ②「2 時間」を「1 時間と 60 分」とすると、60 分から 40 分をひいて「20 分」だから「1 時間 20 分」です。また、「2 時間」を「分」になおすと「120 分」。「40 分」をひいて「80 分」。80 分は「60 分と 20 分」だから「1 時間 20 分」と考えるほうほうもあります。

3 ⑥「3 時間 10 分」を「2 時間と 60分と 10 分」と考えて「2 時間 70分」とし、「20 分」とのちがいをもとめます。または、「3 時間 10 分」を「190 分」と考えて計算するほうほうもあります。

20 何分かたった時こく④

1 ①6時10分
②11時40分
③4時25分
④7時20分
⑤2時15分
⑥5時30分
⑦9時10分
⑧3時15分

2 ①8時20分
②10時10分
③11時5分
④4時50分
⑤2時25分
⑥9時35分
⑦7時5分
⑧6時25分
⑨11時30分
⑩9時5分

おうちの方へ 17回から19回までの内ようを文章だけでよみとります。時計の図か数直線をかいて考えてみましょう。

21 何分か前の時こく①

1 10、10、50
2 ①8時50分
②3時55分
3 ①9時30分
②1時40分
③7時55分
④5時30分

⑤8時40分

おうちの方へ ある時こくの〇分前の時こくが「何時何分」になるかを時計の図と数直線を使って答える学習です。どの問題も、時計の長いはりが「12」を通りすぎてもどります。「〇分前」の時こくをもとめるときは、時計の長いはりを左回りにもどして、「〇時ちょうど」までの時間をもとめ、のこりの時間の分だけ、さらに長いはりを左回りにもどして時こくをもとめます。

3 ⑤「9時まで」「9時より前」に分けて考えます。9時までもどすと「25分」だから、のこりの時間は「20分」。9時より「20分」もどすと、時こくは「8時40分」です。

22 何分か前の時こく②

1 ①5時40分
②4時50分
③2時45分
④6時40分
⑤9時30分
2 ①8時20分
②3時50分
③6時45分
④1時55分
⑤7時40分
⑥10時50分

おうちの方へ 時計の数字「12」をこえて長いはりをもどすと、短いはりの「何時」の部分がかわることがわかっているかどうか見てあげましょう。

23 何分か前の時こく ③

❶
① 4時40分　　② 1時30分
③ 7時55分　　④ 2時45分
⑤ 5時50分　　⑥ 6時40分
⑦ 9時50分　　⑧ 3時45分

❷
① 4時50分　　② 8時40分
③ 10時30分　　④ 3時45分
⑤ 9時35分　　⑥ 1時55分
⑦ 5時50分　　⑧ 2時40分
⑨ 11時50分　　⑩ 7時55分

🏠おうちの方へ　ある時こくの○分前の時こくが「何時何分」になるかを、時計の図だけ、あるいは数直線だけを使って答える学習です。「○分前」の時こくをもとめるときは、時計のはりを左回りにもどします。数直線では「左」のほうにもどってもとめることをおぼえておきましょう。

❶　④「3時まで」と「3時より前」に分けて考えます。3時までもどすと「40分」だから、のこりは「15分」。3時より「15分」もどすと、時こくは「2時45分」です。

24 何分か前の時こく ④

❶
① 1時40分
② 3時50分
③ 2時40分
④ 8時55分
⑤ 11時35分
⑥ 4時50分
⑦ 8時20分
⑧ 10時55分

❷
① 7時30分
② 9時50分
③ 2時40分
④ 10時55分
⑤ 1時45分
⑥ 6時55分
⑦ 4時40分
⑧ 3時30分
⑨ 5時50分
⑩ 8時55分

🏠おうちの方へ　21回から23回の内ようを文章だけでよみとる問題です。まちがえた問題は、時計の図や数直線をかいて考えてみましょう。

25 何時間何分かたった時こく ①

❶　8、30、20、8、50

❷
① 午後5時40分
② 午後2時50分

❸
① 午前9時40分
② 午前11時30分
③ 午前7時50分
④ 午後3時50分
⑤ 午後8時30分

🏠おうちの方へ　ある時こくから○時間△分たった時こくが「何時何分」になるかを、時計の図と数直線を使って答える学習です。まず、○時間たった時こくをもとめ、そこから△分たった時こくを考えるとわかりやすくなります。この回から30回までは、時こくに「午前」「午後」をつけて答えます。つけわすれていないかも見てあげましょう。

🐰 36 時間のたんい

❶ あ分
　い秒
　う時間
　答えい

❷ ①時間
　②分
　③分
　④時間
　⑤秒

❸ ①時間
　②秒
　③時間
　④分
　⑤時間
　⑥分
　⑦秒
　⑧秒
　⑨分
　⑩分

👑 37 まとめのテスト

❶ ①60　②1、20
　③1、40　④2
　⑤1、35　⑥1、55
　⑦90　⑧70
　⑨65　⑩135
　⑪1、20　⑫1、8
　⑬1、30　⑭1、45
　⑮2　⑯2、32
　⑰70　⑱85
　⑲120　⑳133

❷ ①80秒　②1分31秒
　③130秒　④157秒
　⑤95分　⑥112分
　⑦200秒　⑧3時間

❸ ①時間
　②分
　③秒
　④分

95

👑 38 しあげのテスト1

1 ①35分（35分間）
②3時間40分

2 ①45分（45分間）
②2時間35分
③5時間20分
④3時間10分

3 ①1時間20分
②30分（30分間）
③2時間20分
④1時間50分

4 ①午前7時10分
②午後3時25分
③午後4時50分
④午前9時50分

5 ①午前7時50分
②午後3時40分
③午後6時20分
④午前8時50分

6 ①69　　②1、50

🏠 おうちの方へ　3年生で習ったことが身についたかどうかをたしかめるしあげのテストです。時間をはかって取りくみましょう。

👑 39 しあげのテスト2

1 ①30分（30分間）
②55分（55分間）
③2時間30分
④3時間20分
⑤5時間30分
⑥6時間20分

2 ①1時間30分
②1時間10分
③4時間
④1時間40分

3 ①午前11時30分
②午後2時40分
③午後7時5分
④午前7時45分
⑤午後2時50分
⑥午前9時30分

4 ①71秒　　　②2分
③1時間45分　④114分

5 ①秒
②分

🏠 おうちの方へ　時間をはかって、集中して取りくみましょう。まちがえた問題はやり直しておきましょう。

👑 40 文章題にチャレンジしよう

★1 ①35分（35分間）
②8時50分
③1時間20分
④20分（20分間）
⑤8時間30分

★2 ①45分（45分間）
②1時間20分
③午前11時15分
④午後2時50分
⑤午前8時50分

🏠 おうちの方へ　3年生で習ったことを文章題にして取りあげています。文章をよくよんで、何を答えればよいのかをつかみましょう。時計の図や数直線をかいて、文章にあるじょうほうを整理するとよいでしょう。

　　　　　　　　　　3年の時こくと時間